玩玩小布头

她品 主编

农村读物出版社

图书在版编目（CIP）数据

玩玩小布头 / 她品主编. — 北京：农村读物出版
社，2012.7
（逆生长慢生活）
ISBN 978-7-5048-5588-6

Ⅰ. ①玩… Ⅱ. ①她… Ⅲ. ①布料－手工艺品－制作
Ⅳ. ①TS973.5

中国版本图书馆CIP数据核字(2012)第126503号

策划编辑	黄 曦	
责任编辑	黄 曦	
出　版	农村读物出版社（北京市朝阳区麦子店街18号　100125）	
发　行	新华书店北京发行所	
印　刷	北京三益印刷有限公司	
开　本	787mm×1092mm　1/24	
印　张	5	
字　数	120千	
版　次	2012年 9 月第1版　2012年 9 月北京第1次印刷	
定　价	26.00元	

（凡本版图书出现印刷、装订错误，请向出版社发行部调换）

第一章
玩转布头 基础篇

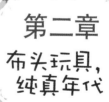

第二章
布头玩具， 纯真年代

第三章
小玩意儿的花样创意之旅

第四章
最温馨的收纳小物

第一章

玩转布头
基础篇

1.各种各样的布

既然是做布艺，没有布怎么成呢？

2.模纸

旧报纸或者大一点的包装用纸都可以作为剪制模板用纸，在上面画出所需要的图案底稿。

3.铅笔、划粉或消失笔

用来在布的背面划线，以及在纸板上绘制图案。还可以利用一些彩色绘画笔在自己设计的纸样上涂颜色。

4.剪刀、美工刀等

用剪刀、美工刀、小刀等工具都能用来切割纸模板，此外，剪刀是裁剪布料时经常需要使用的工具。剪刀、美工刀等在保存时都需小心。

5.直尺、软尺

直尺可以画直线条，而软尺可以用来测量围度。

6.珠针

固定布片的专用工具。

7.针线

用来缝合、压缝、疏缝等，根据需要选择针的种类。

8.镊子

用来塞棉花和整理细小的地方。

9.缝纫机

能够快速进行缝合。其实没有这东西也可以做布艺，只不过需要更多的耐心和娴熟的技艺。

卷针法

在两布之间往同一个方向环绕缝合，主要用于两片布之间的连接。

藏针法

也称作隐针或对针，在两布之间"N"字形穿插缝合，将针迹隐藏起来的缝法，主要用在缺口的缝合，以及肢体的组合接缝。

平针法

即从背面入针，正面出针，针迹平行且距离相等。主要是用于拼合布块和各种收边。

回针法

一直重复缝回上一个出针处，缝成一条没有缝隙的线，能很牢固地将两块布结合。此缝法较紧密牢固，适用于弹性大的袜子，或是织度松散的针织、毛线等布料。

锁链缝

环环相扣。适用于嘴巴、眉毛等，可以表现出较粗的线条。

贴布缝

滚动缝制，主要应用于装饰花边，具有防止布片虚线散开的滚边功能。

布艺的基础针法

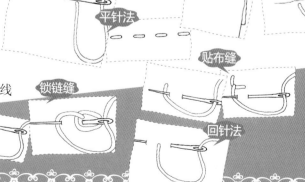

7

手工布艺常用语

1.疏缝

疏缝就是初步将表布、辅棉和里布固定的过程。从中心向四周稀疏地缝制，比较常用的有"井"字形、"米"字形和放射形。疏缝起着辅助的作用，防止在缝制过程中走形或歪斜，在作品完成后常常需要拆掉疏缝的线。

2.压缝

也称压线，拼布过程中。在疏缝后经常需要压缝，这样可以增加作品的厚度，起到美化的作用。

3.贴布

贴布是将其他的布料剪成作品中所需要的图案，先用珠针固定到背景布上，然后沿边折入缝份，再用藏针法将其缝合固定到背景布上的一种过程。

4.滚边

滚边也叫包边，就是用滚边布将作品的布边包裹起来的过程。

5.缝份

两片布缝合后，缝线到布的边沿部称为缝份，一般为0.5厘米。

6.牙口

当布条有弯曲时，在缝份处剪出一些口子，就是牙口。通常情况下是在缝合后再剪出，且不能剪到缝线。

7.翻口

翻口就是在需要穿线或填入棉花的地方留出的口子。

第二章

布头玩具，
纯真年代

原生态材料：
不织布若干、纽扣1颗、珍珠棉少
许、算盘木珠2颗、挂绳1根。

变身帮手：
针线、剪刀。

作者 梓也

可爱小猫头鹰
布玩

"布"道笔记

猫头鹰是一种昼伏夜出的动物。它栖息在树上，有时也栖息在岩石间和草地上，或隐匿在人类的屋檐之下，充满着神秘的气息。因为它的神秘，人类赋予了它太多复杂的意义。

在古希腊神话里，智慧女神雅典娜就有着一只可爱的小猫头鹰，它能预见未来，有着神奇的预言力量，因此古希腊人把猫头鹰尊敬为雅典娜和智慧的象征。在日本，猫头鹰也是一种福鸟，代表着吉祥和幸福，还曾经是冬奥会的吉祥物。而在中国古代，猫头鹰却被认为是凶暴而又阴森的，有着种种可怕的联想。不织布做成的小猫头鹰，你又赋予了它怎样的意义呢？

变身有术:

1.准备好材料和工具,并将布料裁剪成如图所示的两块,其中一片作为腹部,一片作为背部。

2.两片布料对齐一侧,从下往上缝合此侧边,缝至腹部顶端距边缘1缝份处倒针结束。

3.折合两块布料,使背部反面对齐折合,缝合背部顶角部分。

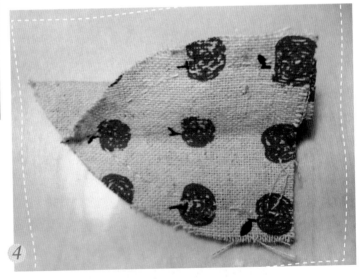

4.缝合两块布料的另一侧。

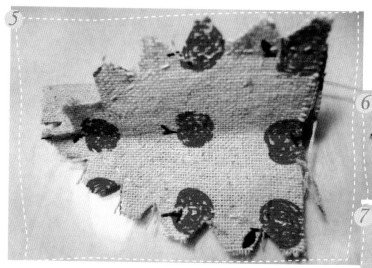

5.在有弧度的缝份上剪开一些牙口以方便翻面。

6.将猫头鹰翻到正面，让腹部居中平铺，并缝合成如图所示的样子。

7.以腹部顶角为折线位，将上面的三角尖下折，并将尖角缝合固定在腹部上。

8.用针将眼睛缝在尖角的两侧，眼睛可用木珠、纽扣等。

9.底部开口用手缝针疏缝一圈。

10.往身体中塞满填充棉，收紧线头。

11.同时将底部的毛边塞入口子内部。

12.在收紧的口子处缝上一颗纽扣，就是一件猫头鹰摆件了。

13.也可配上挂绳，就是一个可爱精致的手机挂件了。

不仅可以用挂绳将小猫头鹰做成手机挂件，也可以将它做成包包挂件，挂在你平日出行的包包上，这也是一道靓丽的风景哦！

乐活延伸

花时间：30分钟

成本：6元

本道指数：★★★★★

惊艳指数：★★★★★

兔兔
黑眼圈范儿

作者 猪猪妈

原生态材料：
灯芯绒布（A4纸大小）
2块、扣子、填充棉。

变身帮手：
针线、消失笔、剪刀。

16

"布"道笔记

　　从前，有一只与众不同的兔子，它全身布满了彩色的花纹，而其他兔子都是黑色、白色或者灰色。虽然花兔子先生很英俊，可是没有哪只兔子姑娘愿意接受它的示爱。直到有一天，兔庄来了一位前来探亲的客人。花兔子先生觉得自己的爱情就要降临了，因为客人是一只美丽的花兔子姑娘。为了赢得姑娘的芳心，花兔子先生展开了疯狂的恋爱攻势，那就是给姑娘送上最美味可口的胡萝卜。为了收集更多胡萝卜，花兔子先生没日没夜地在田野找萝卜、拔萝卜，渐渐地，黑眼圈都出来了……

　　是否就像童话里讲的那样，花兔子先生与花兔子姑娘最终幸福地生活在了一起，我们不得而知。不过，我们还是要祝福这只痴心的花兔子先生。

变身有术：

　　1.如图，在纸上画出兔子的头和身体（图案完全可按自己的喜好自己设计）。

　　2.在布的反面用消失笔画出兔子头的形状。

　　3.在布的反面用消失笔画出兔子身体的形状。

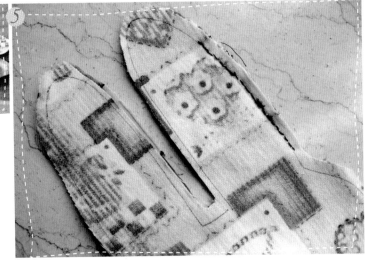

4.在布上留2毫米左右的缝份，剪下兔子的形状。

5.沿线用回针法将两片头部布缝合。

6.头下留4厘米的开口。

7.从开口翻回正面。

8.往里塞入填充棉。

18

9.用藏针法将开口处缝合。

10.依样缝合两片身体。

11.在一只手的腋下位置留个开口。

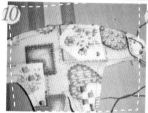

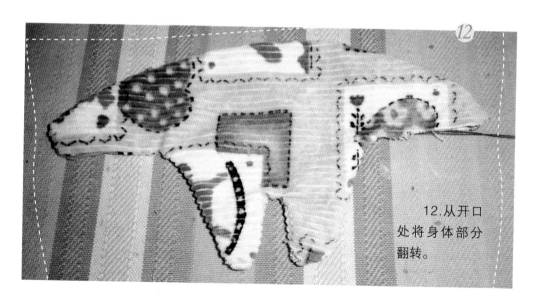

12.从开口处将身体部分翻转。

19

13.从开口处将身体与头部缝合连接。

14.往身体部位装入棉花。

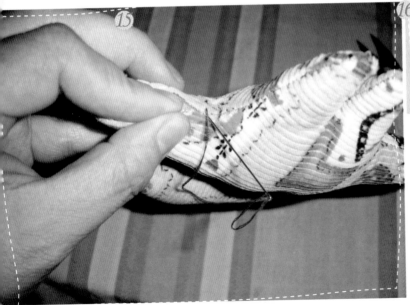

15.用藏针法将身体开口处缝合。

16.缝两颗大扣子在兔子脸上作为眼睛，扣子可以一样大，也可有意一边大一边小。

花时间：70分钟
成本：5元
布道指数：★★★★★
惊艳指数：★★★★★

乐活延伸

如果觉得兔子还应该有嘴巴和鼻子，也可用扣子或线为它加上嘴巴、鼻子。还可以把花兔子姑娘也做出来，这样花兔子先生就有伴了。

21

害羞的蓝兔子

作者 嗨小鱼我是猫

原生态材料：
布、纸、珍珠棉、珠子

变身帮手：
针线、剪刀、消失笔。

"布"道笔记

　　"小兔子，白又白，两只耳朵竖起来，爱吃萝卜和青菜。"我们从小唱着这首儿歌长大，兔子常常就是"可爱"的代名词。不过，自从调皮捣蛋的流氓兔和古灵精怪的兔斯基横空出世后，兔子的可爱形象受到了严重"挑战"，不过我们却因此更加喜欢这种个性十足的动物。想象一下，一只身穿蓝色外衣的兔子，十分害羞，脸蛋常常害羞得通红，是不是也非常讨人喜欢呢？

　　来动手做一只容易害羞的兔子吧！摆在床头，看着它应该会情不自禁地笑出声来吧！

变身有术：

1.用纸剪出如图所示的抽象兔子纸样。

2.按照纸样剪2块比纸的边缘大1厘米的布，大出的部分方便缝合。

3.在布上用消失笔标记纸样的轮廓。

4.按照标记的轮廓用红色的线缝起来，注意留一个小口。

5.将兔子翻回正面。

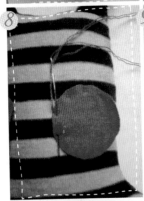

6.塞进珍珠棉，缝合开口。

7.然后用粉色的布剪2块圆布做红脸蛋。

8.用平针法将圆布缝上去。

9.缝完脸蛋的兔子。

10.最后缝眼睛，具体针法：从右眼处下针，再从左眼处出来，接着穿上珠子即眼睛，从右边下针是为了让右眼盖住线头；然后再从左眼下进针，然后从右眼处出针，穿上珠子；再从右眼处下针从左眼处出针，这样重复几次，缝牢为止。

花时间：60分钟

成本：4元

布道指数：★★★★★

惊艳指数：★★★★★

乐活延伸 ➤　兔子的形状可以根据自己的喜好选择，还可以随心所欲地为兔子换装或者变换眼睛的颜色，只要你喜欢。

粉粉
快乐小妞

作者 威威

原生态材料：
　　3种不同图案的花布、少量白布、珍珠棉、毛线、花边等。

变身帮手：
　　针线、剪刀、消失笔。

"布"道笔记

正如每个女孩子一定要有一条公主纱裙一样，拥有一个扎着蓬松麻花辫、穿着美丽花裙子的洋娃娃，也是每个女孩年幼时最常见的心愿。跟娃娃说话，给娃娃梳辫子，与娃娃做游戏，抱着娃娃睡觉……这是属于独生女童年最美好的回忆之一。那个曾经陪伴自己度过了许多孤独时光的洋娃娃如今早已经遗失了，可是还是会不时地想起它。

你会用什么方式去缅怀亲爱的洋娃娃呢？重新把她做出来说不定是个好方法。按自己心目中的形象，让活在记忆里的娃娃再一次出现在我们面前吧。

变身有术：

1.准备材料：布、珍珠棉、毛线、花边、装饰花、小珠子、针线、纸、笔、剪刀、热熔胶。

2.在纸上画出身体和四肢的形状。

3.根据纸样，在皮肤布上画出各个部位的形状，其中身体的形状2片、手的形状4片、腿的形状4片。

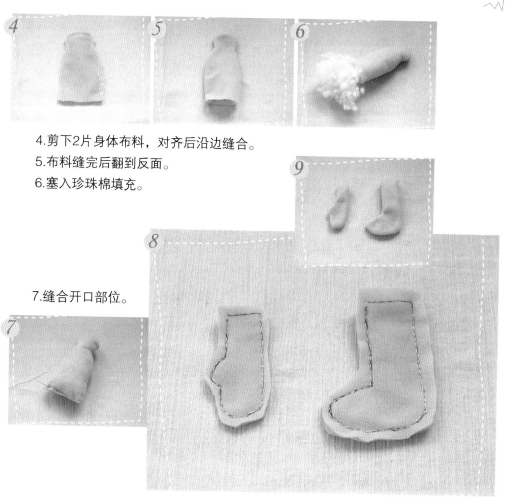

4.剪下2片身体布料，对齐后沿边缝合。

5.布料缝完后翻到反面。

6.塞入珍珠棉填充。

7.缝合开口部位。

8.分别剪出手和腿的布料，对齐后沿边缝合。

9.缝完后翻到反面。

27

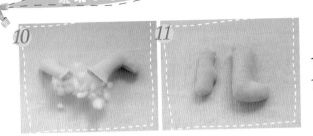

10.分别塞入珍珠棉填充。
11.缝合开口部位。

12.做好的四肢和身体。
13.将四肢和身体缝合在一起。
14.在纸上画出裙子的形状。

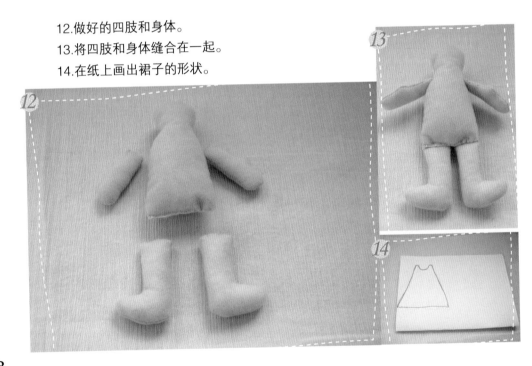

15.剪下画好的纸样。

16.依照纸样，在反面对折后的布料上画出裙子的形状。

17.剪下裙子形状，对齐后沿边缝合。

18.将裙子翻回正面。

19.在裙子上加上花朵等小装饰作点缀。

20.为小娃娃穿上裙子。

21.将毛线整理成如图所示的样子。

22.将毛线编成麻花辫。

花时间：60分钟
成本：2元
布道指数：★★★★★
惊艳指数：★★★★☆

23.将辫子用热熔胶粘在娃娃头上。

24.再缝上珠子，画上嘴巴即可，也可为娃娃打个漂亮的蝴蝶领结。

乐活延伸➡

除了给娃娃做一条格子裙，也可以做轻盈的纱裙。娃娃的眼睛还可以用彩色珠子代替，如绿色、蓝色等，做成一个十足的洋娃娃。

31

褓褓
小甜心

作者 威威

原生态材料：
布、珍珠、彩带、珠子。

变身帮手：
消失笔、针线、剪刀。

"布"道笔记

温暖厚实的襁褓是宝宝的安乐小窝，包裹得严严实实的襁褓就好像妈妈的怀抱一样温暖踏实，所以襁褓中的宝宝即使睡着了，脸上也会带着甜甜的笑容。尚在襁褓中的婴儿，妈妈就是他们的整个世界，迎着妈妈的笑脸醒来，在妈妈的摇篮曲中进入梦乡，妈妈噜噜嘴就能"咯咯咯"地笑起来……渐渐地，孩子长大了，调皮了、叛逆了、谈恋爱了，最后远走他方求学或者工作，虽然每天都有贴心的电话谈心，可是在妈妈心中，襁褓中的宝宝是最初的也是最美好的回忆。

可爱小巧的襁褓娃娃，就是别具一格的小摆饰；而如果放大娃娃的比例，做成抱枕大小的样子，就是逼真的"襁褓娃娃"啦。大小虽不同，温暖的情怀却不减。

变身有术：

1.用消失笔在皮肤布上画一个圆。

2.剪下圆形布料。

3.在圆形布料的边缘缝线，缝完后注意收线。

4.往碗状布料中塞入珍珠棉。

5.收紧线，做成一个圆球。

6.用消失笔在花布上画一个圆。

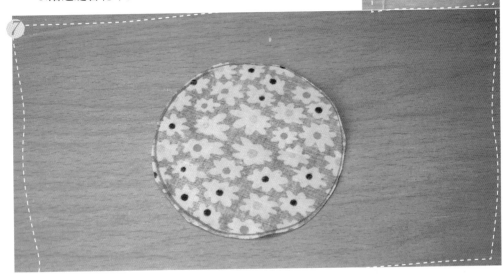

7.剪下画好的圆。

8.沿边缝合花布。

9.收线，使花布呈碗状。

10.将碗状花布套在圆球上并缝合。

11.另取花布，剪2块大小相同的方形布料。

12.将2块花布对齐后，沿边缝合其中的3条边。

13.在未缝合的一边塞入棉花。

14.将最后一边缝合。

15.用如图所示方法，将其中3条边折叠并缝合，小被子就做好了。

16.往被子中塞入珍珠棉。

17.将圆球缝合固定在被子上。

18.在圆球上缝上两颗黑色的小珠子，作为娃娃的眼睛。

19.用线缝出嘴巴。

20.最后在被子上系上一条彩带作为装饰，褓襁中的娃娃就做好了。

花时间：80分钟

成本：4元

布道指数：★★★★☆

惊艳指数：★★★★☆

除了给甜心娃娃戴帽子以外，还可以用毛线给娃娃做头发，也可以在娃娃脸上涂上红扑扑的胭脂，同样很可爱哦！

作者 南风

可爱无敌凯蒂猫

原生态材料：
不同颜色不织布若干、棉花。

变身帮手：
针线、剪刀、胶水。

"布"道笔记

说起凯蒂猫，大家一定不陌生，青春年少时，有多少人没有买过一件印有凯蒂猫标志的产品呢？小巧的钱包、可爱的发卡、卡通贴纸、少女内衣……都可以见到凯蒂猫的身影。这只没有嘴巴的小猫咪竟会这么受欢迎，恐怕她的设计者都没有想到吧！不要问为什么这么多人会喜欢凯蒂猫，谁叫粉嘟嘟的她如此可爱呢！

如果喜欢一件东西，会希望拥有它的全部。如果你还在默默地收集凯蒂猫的玩偶，或者你也难以抗拒凯蒂猫的魅力，何不自己亲手来做一个呢？

跟着我们一起做吧！圆圆眼睛、秀气鼻子、两腮三根短小的猫须以及耳际招牌发卡或小花。凯蒂猫不知不觉就在眼前诞生了，是不是十分有成就感？

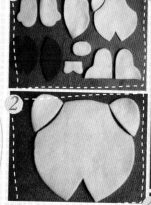

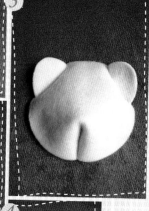

变身有术：

1.按照如图所示，裁出这些布料：头正面1片、头背面2片、耳朵2片、身体前面1片、身体后面2片、手臂4片、尾巴1片、脚面4片、脚底2片。

2.把耳朵摆放在头部正面上，缝合。

3.把头部的下颌缝合起来。

4.把头部背面缝合。

5.把头部正面、背面对齐缝合，并留一个小口，翻出后塞棉花，再缝合全部。

6.把手臂缝合，注意留一个小口。

7.翻出后塞棉花。

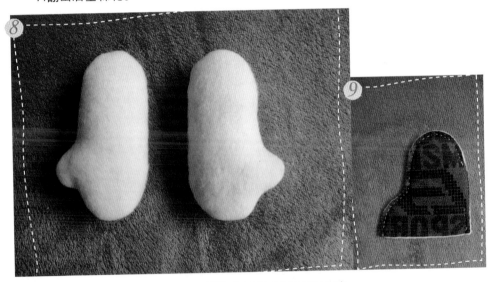

8.用藏针法缝合开口，再用同样的方法缝完第二只手臂。

9.把脚缝合，注意留一个小口。

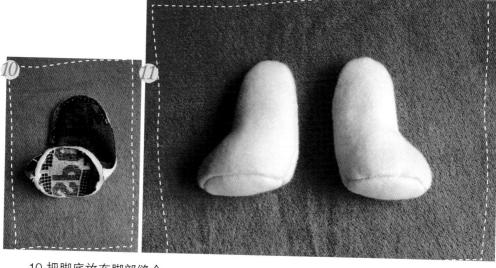

10.把脚底放在脚部缝合。

11.从小口翻出，塞棉花，并用藏针法缝合小口。再用同样的方法缝完第二只脚。

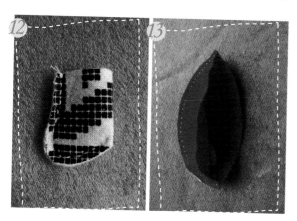

12.把尾巴缝合，并翻出塞棉花。

13.把身体后面2片缝合，缝时将尾巴缝进去。

14.把身体前面缝合。

15.把身体前面、后面对齐后缝合，注意留一个小口，翻出塞棉花后缝合。

16.把做好的各部件如图摆放好。

17.把手脚竖起，如图缝合。

18.剪出眼睛、鼻子和花朵，贴到猫咪脸上，最后缝上胡须，可爱的凯蒂诞生了。

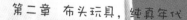

花时间：70分钟
成本：5元
本道指数：★★★★★
惊艳指数：★★★★☆

生活延伸

在多数情况下，凯蒂猫的头饰为一枚发卡，如果你更喜欢戴着发卡的凯蒂猫，也可以动手做一个，再给她戴上哦！

憨憨
北极熊帽

作者 柯江

原生态材料：

白色弹性绒布、弹性里料、PP棉、黑色蘑菇扣、纸板。

变身帮手：

针线、剪刀。

"布"道笔记

冬天的脚步临近时，应该为宝宝准备一顶防寒耐冻的帽子，最好是毛绒绒的，看着就暖和。另外，为宝宝准备的帽子，不能不可爱哦！别看要求不少，其实自己都能动手做。

下面这款北极熊帽子，步骤虽然多，其实做起来并不难。你也可以发挥创意，用它引申出兔子帽子、小牛帽子……还有，给宝宝做完以后，再给自己和老公各做一个，"三只小熊"就诞生啦！熊爸爸、熊妈妈和熊宝宝，多么幸福的一家！

变身有术：

1.如图所示，用纸板剪出北极熊的头部、耳朵、鼻子的模板。可根据自己的喜好来设置耳朵、鼻子的大小。

2.按照模板裁剪出几个部分的布料，其中用里料裁出鼻子2片，绒布裁出耳朵4片、头部2片、头部里料2片。

3.将耳朵裁片正面相对，沿着耳朵轮廓缝合，注意最后留3厘米左右的开口，以便翻到正面。

玩玩小布头

4.将缝好的耳朵翻过来，塞进棉花。

5.用缝合耳朵的相同方式缝合鼻子，注意鼻子缝合到最后要留3厘米左右的开口。

6.将鼻子翻到正面，塞棉填充，然后用手缝针缝合开口处（用藏针法缝合）。

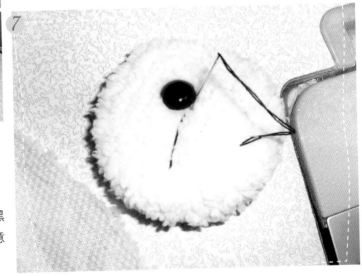

7.在鼻子上缝上黑色蘑菇扣和嘴巴，注意嘴巴要缝得对称。

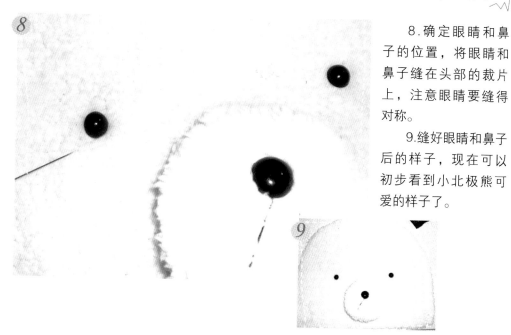

8.确定眼睛和鼻子的位置，将眼睛和鼻子缝在头部的裁片上，注意眼睛要缝得对称。

9.缝好眼睛和鼻子后的样子，现在可以初步看到小北极熊可爱的样子了。

10.将头部和头部里料反面底边缝合，2片头部、2片头部里料均需头部料和里布料两两缝合。

11.翻过来缝合整个帽身轮廓，按轮廓线位置缝合，注意需留约10厘米长的开口。

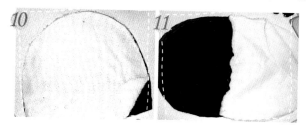

12.缝到耳朵位置处时将两只耳朵缝入，注意两只耳朵需缝得对称。

13.帽身轮廓线车缝完毕，注意留个开口翻回正面。

14.翻回正面后用手缝针缝合开口处（用藏针法缝合）。

15.最后涂点"胭脂"，憨憨的北极熊帽子就做好了！

花时间：90分钟

成本：6元

布道指数：★★★★☆

惊挑指数：★★★★★

乐活延伸

动物的造型可以自己选择，比如做成活泼的长耳朵兔子造型，或者干脆将白色绒布换成黑色，做个笨笨的黑熊也未尝不可。

第三章

小玩意儿的
花样创意之旅

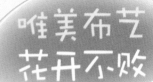

唯美布艺
花开不败

作者 猪猪妈

原生态材料：

格子布、不织
布、旧扣子或瓶盖、
铁丝或铜丝。

变身帮手：

尺子、针线、消
失笔、剪刀、热熔
胶、钳子。

"布"道笔记

　　什么花永远不凋谢？除了塑料花以外，还有布花。鲜花拥有动人的身姿，能散发出馥郁的香气，吸引翩跹的蝴蝶。可是"花无百日红"，凋谢时难免令人惋惜。想要开不败的花儿，布艺花是很好的选择。做一束布艺花，挑一只精美的花瓶，摆在家里，同样赏心悦目。而且因为是布料做成的缘故，布艺花天生具有沉稳温馨的气息，用来装饰美化家居非常不错。

变身有术：

1.准备材料

2.将格子布裁成长28厘米，宽8～11厘米的布条。

3.将布条对折，用平针法缝合，针脚可略大，方便抽紧。

4.缝完后，将线抽紧，形成圆形，再将两边对接缝合。

5.按扣子的直径，在不织布上剪一个比扣子直径约大3厘米的圆布，周围用平针法缝合。

6.将线抽紧，形成包扣。

7.然后将包扣作为花蕊，缝在格子布的中心位置。

8.找一根18厘米长的铜丝，也可根据花瓶的高度截取长度合适的铜丝或铁丝。

9.用钳子将铜丝顶部弯成"丁"字形。

10.将铜丝顶部从花布底部的缝线处穿入。

11.剪一条比铜丝长0.5厘米，宽2厘米的棕色不织布。

53

12.用不织布包住铜丝，并用热熔胶固定。

13.用绿色的不织布剪出叶子形状。

14.用热熔胶将叶子固定在枝杆上，一枝花就做好了。

15.按照上述步骤多做几枝布花，插在花瓶上，与鲜花相比别有一番温馨暖人的味道。

花时间：90分钟

成本：2.5元

布置指数：★★★★★

惊艳指数：★★★★★

学会了做布花的手艺，不妨将没有枝干的花朵绣在布包上，或者粘在相框边缘，也会很漂亮呢！另外，雪纺、棉质、麻布等不同的材质，还能做出不同的效果哦！

乐话延伸

花样风情
布项链

作者 猪猪妈

原生态材料：
3块13×13厘米的不织布（可同色也可不同色）、丝带。

变身帮手：
针线、消失笔、剪刀。

"布"道笔记

作为装饰品，项链是最早出现的首饰之一。在远古时期，我们的祖先就地取材，用最朴素的树枝、彩贝甚至石头来做项链，那时候项链还仅仅只是装饰品而已。渐渐地，项链的材质中出现了黄金、钻石、玛瑙等名贵材料，佩戴名贵的项链，成了标榜身份、炫耀身家的一种工具。还记得法国作家莫泊桑的小说《项链》吗？女主角因为虚荣心，付出了十多年的青春。项链真的非要名贵不可吗？其实不是这样的。如果一个人真心爱你，哪怕你只能送给她草编的项链，她也是高兴的。其实，项链就应该是纯粹的装饰品，戴上它，能带给你一整天好心情，这就够了。

变身有术：

1.在纸上画一个直径为4～6厘米的五瓣花，也可根据喜好自己决定花片直径。

2.按纸样用不织布剪出4个花片。

3.拿出1个花片对折。

4.将半圆花片的左边1/3处往里折。

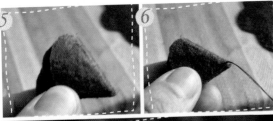

5.再将半圆右边的1/3往中心包过来，形成了1/6圆的花片。

6.在离圆心1毫米的地方用针穿过，也可用夹子固定。

7.将剩下3个花片用相同的方法折好。

8.把4个花片缝合在一起，收紧线。

9.打开后，每两个相邻花片之间再用线缝合一下。

10.缝完后花的样子。

11.用上面的方法做3朵同样的花，在侧面用线缝合，接着在两边缝上丝带，一条漂亮的项链就做好了。

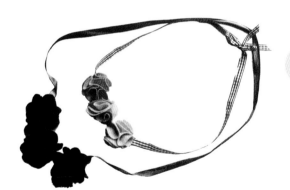

花时间：55分钟

成本：2.5元

布道指数：★★★★★

惊艳指数：★★★★☆

乐活延伸

有了做项链的基础，何不考虑做个花环呢？只要多花些工夫即可，花环也是很不错的家居装饰品哦！

59

作者 威威

原生态材料：
布、珍珠棉、彩带、装饰花、铃铛、天使挂件。

变身帮手：
针线、剪刀。

丁零丁零
开门啦

"布"道笔记

"丁零零——"门口响起一阵铃声。"妈妈回来了！"在小屋里画画的萌萌马上跑到客厅里，果然是妈妈，萌萌高兴地张开臂膀扑到妈妈怀里。原来，5岁的萌萌非常喜欢画画，每天回家都要画两个小时再睡。可是妈妈下班不准时，只要妈妈没回来，画不到10分钟，萌萌就要跑到客厅去看看。为此，妈妈跟萌萌约定，如果回来了，就拉一拉门上系着铃铛的花环，铃声响起就是妈妈回来了。这样，萌萌以后都能安心画画了。

萌萌妈妈的拉环上不仅系了铃铛，还挂着一个吹喇叭的小天使，挂在门上十分好看，你想不想做一个呢？

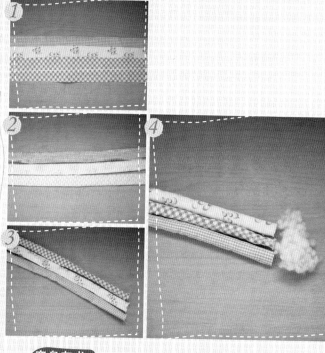

变身有术：

1.剪3条长方形的布条。

2.将布条翻到反面，沿边缝合。

3.将缝合完的布筒翻回正面。

4.往布筒中塞入珍珠棉。

5.用线将3个布筒的一头固定在一起。

6.用编辫子的方法编布筒。

7.编好后，将"辫子"两头缝合在一起，形成花环。

8.剪一条彩带，打成蝴蝶结。

9.将蝴蝶结缝在花环的接头处。

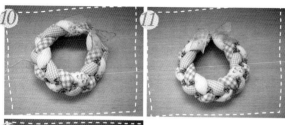

10.在花环上缝上小巧的装饰花。

11.缝完装饰花的花环。

12.在花环下方系上铃铛，在中间系上小天使挂件。

花时间：50分钟

成本：2元

布道指数：★★★★☆

惊艳指数：★★★★☆

13.剪一条彩带做挂绳，缝在接头处，花环就做好了。

乐活延伸 ▷ 去掉挂绳和小天使，系上铃铛的花环是孩子不错的玩具哦！如果把花环做小一点，还可以戴在宝宝的手腕上，宝宝一定会对这个叮当作响的小玩意儿感兴趣。

原生态材料：

白布、花布、珍珠棉、彩带、绳子。

变身帮手：

针线、剪刀。

五彩糖果抱枕

作者 威威

"布"道笔记

　　小小非常喜欢吃糖，是个十足的"糖果控"。妈妈为了小小的牙齿着想，严格控制她的吃糖次数和数量。不过，妈妈答应小小，在每年生日的时候可以不受限制。所以，每年小小都特别期待过生日。

　　今年，小小的生日快到了。妈妈提前为小小准备了一罐有各种水果味的糖果，并且特意在小小睡着后，为小小缝制了一个五彩的糖果抱枕。不知道小小是喜欢这一罐糖果呢，还是可爱的糖果抱枕？不过，不管怎样，这个糖果抱枕将成为"糖果控"小小童年记忆里温暖的回忆之一。

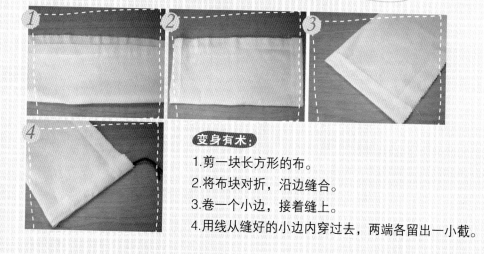

变身有术：

1. 剪一块长方形的布。
2. 将布块对折，沿边缝合。
3. 卷一个小边，接着缝上。
4. 用线从缝好的小边内穿过去，两端各留出一小截。

5.将线抽紧。

6.翻过来，抱枕的内胆就出来了。

7.往抱枕内胆中塞入珍珠棉。

8.收紧线，给抱枕内胆封口。

9.剪一块同白布一样大小的花布。

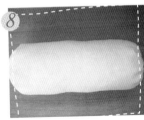

 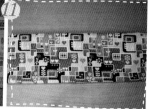

10.将花布反面对折，沿边缝合。

11.缝好后翻回正面。

花时间：50分钟

成本：2元

布质指数：★★★★☆

惊艳指数：★★★★★

12.塞入白色的抱枕内胆。

13.用彩带为抱枕封口，在两头各打一个漂亮的蝴蝶结，可爱的糖果抱枕就做好了。

乐活延伸

如果足够心灵手巧，小小的糖果抱枕也能成为你施展才艺的小天地，在抱枕上绣上花或者卡通图案，或者干脆在抱枕上作画，都是非常好的创意。

春满人间
不织布装饰画

作者 许清蓉

原生态材料：

数块不同颜色的不织布、相框或麻绳。

变身帮手：

针线、剪刀、半透明纸、铅笔。

"布"道笔记

很多人喜欢春天，因为刚冒出头的新芽，因为盛放的鲜花，因为翩跹起舞的蝴蝶，因为缠绵婉转的细雨……春天万物复苏，这个生机勃勃的季节，总是给人以无限希望。春天，郊游、踏青……好玩的事数也数不清。可不要错过了这个一年中气候最宜人的季节，要多出去走走哦！在公园里、郊外、旅游途中，看到美丽的风景，我们总情不自禁地要记录下来，照相肯定是很多人的首要选择。此外，你有没有想过制作一幅有关春天的装饰画呢？

不要担心此照片逊色，色彩多样的不织布是以将五光十色的春景呈现出来，不信来瞧瞧吧。

变身有术:

1.准备材料:准备多种颜色的不织布数块。

2.选画,找一幅色彩缤纷的装饰画作为参考图。

3.确定装饰画的尺寸,根据设想的尺寸,将参考图打印到纸上,作为纸型。或者直接用半透明的纸,对着电脑显示器描出纸型。

4.以一朵花为例,按照如图方式,在纸上描画花朵的纸型分解图,对于花朵中相同的部分,只需描一个纸型即可。

69

5.剪下花朵的纸型。

6.将纸型描在不同颜色的不织布上，剪出所需的不织布布型。

7.如图为其中剪好的一朵完整的花，将其摆在背景布上。

8.把剪裁好的布型全部摆放在背景布上，调整好花与花之间的间距。

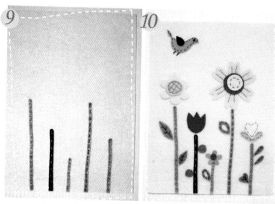

9.缝的时候，先将花茎缝好，这样可以确定花的位置。

10.根据花的颜色，选择适合颜色的缝纫线将其固定在背景布上。

11.将装饰画放到精美的相框里，是不是很漂亮呢！

12.也可以在画的两端剪小孔，系上绿色的麻绳，再挂到冰箱等地方，是不是也不错呢！

花时间：60分钟
成本：6元
布道指数：★★★★★
惊艳指数：★★★★★

乐活延伸

在家里挂上这样一幅画，春天朝气蓬勃的气息仿佛扑面而来。春天寓意希望，这实在是一个好兆头呢。

超可爱粉蓝玄关挂饰

原生态材料：
布、珍珠棉、花边。

变身帮手：
针线、花边剪。

作者 威威

"布"道笔记

  经过几年的奋斗拼搏，苏惠终于有了属于自己的小窝。装修完毕后，天性热情好客的苏惠决定邀请朋友到家中小聚。在朋友来之前，自然要张罗一番。好吃的好喝的先塞满冰箱，杂物统统请进杂物室，桌子茶几上摆上鲜花，最后苏惠将亲手做的挂饰挂在玄关处。一切准备妥当，就等着朋友到来了。

  苏惠做的挂饰灵感来自于那些个性十足的抱枕，只不过将图案换成了代表自己心声的欢迎语。做法非常简单，热情好客的你也可以做一个呢！

变身有术：

1.用格子布剪出2块长方形的布块。

2.将2块布块对齐，沿边缝合。

3.留出一边，往里塞入珍珠棉。

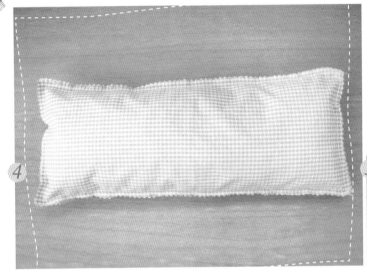

4.将布袋的最后一边缝合。

5.另取其他花色布料，剪2个正方形的小布块。

6.将小布块对齐，沿边缝合。

7.留一边塞入珍珠棉。

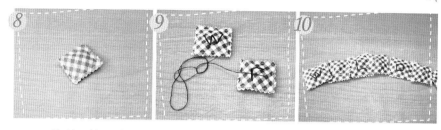

8.将剩下的一边缝合。

9.用不同颜色的彩线在小布块上缝上字母。

10.用同样的方法做7个小布块，组成英文单词"WELCOME"。

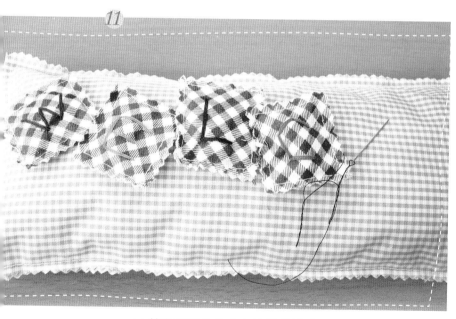

11.按字母顺序将小布块错落地缝在布袋上。

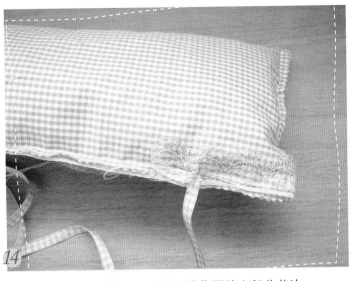

12.缝上小布块后的布袋。

13.在布袋上端边缘缝上花边。

14.翻到背面，在相对的位置缝上部分花边。

15.如图所示，缝上挂绳，别致的挂饰就做好了。

花时间：90分钟

成本：6元

布道指数：★★★★★

惊艳指数：★★★★★

也可将挂饰上的欢迎语换成"LOVE"等爱情心语，这样带着浓情蜜意的挂饰就最适合挂在卧室墙壁上了。

乐活延伸

第四章

最温馨的收纳小物

花漾卡包

作者 芙蓉朵朵

原生态材料：
皮布、绒布、普通花布、不织布、魔术贴、标签布。

变身帮手：
针线、剪刀、笔、胶水。

"布"道笔记

女人似水，女人如花，不然怎么会有"如花美眷"一说呢。做一个女人，就要如花般绚烂、如花般清丽、如花般妖娆。似水流年，花谢花开，且让花朵绽放在我们的心里。女人如花，所以女人都爱花。做一个美丽的花朵卡包，让花朵陪伴女人的每一天！

变身有术：

1.按纸型要求裁剪好16.5×11厘米的3片表布并组合、缝合在一起。

2.裁剪大小10×11厘米的里布2片，并将较长的边往里折进3厘米后车缝。

3.裁剪一块与表布同样大的里布。

4.将车好的2块里布片分别左右边对齐放置，再进行简单疏缝固定，并将4个角剪成圆弧状。

5.在右边可以缝上个性标签。

6.将里布、辅棉、表布正面相对缝合，注意留出一个翻口。

7.通过翻口翻转到正面来。

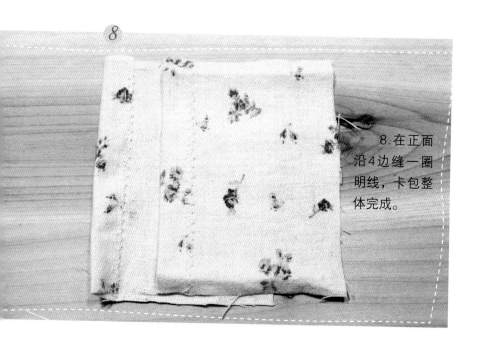

8.在正面沿4边缝一圈明线，卡包整体完成。

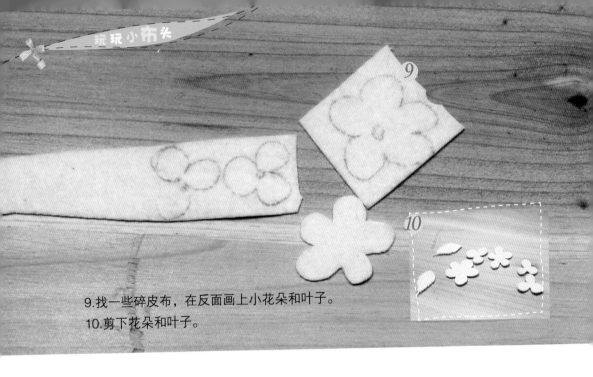

9.找一些碎皮布，在反面画上小花朵和叶子。

10.剪下花朵和叶子。

11.按大小顺序重叠起来缝好固定。

12.将花朵用胶水粘到卡包的正面。

13.裁剪7×2厘米大小的皮布两条，一头剪成圆弧状。

14.将皮布正面相对，用明线缝合一圈并缝上魔术贴。

15.在卡包的正面缝上魔术贴的另一边。

16.将缝好魔术贴的皮布的另一头缝到卡包的背面。

17.最后在皮布的圆弧那一头粘上一朵做好的小花，完工。

花时间：80分钟

成本：7元

布道指数：★★★★☆

惊艳指数：★★★★★

乐活延伸 ▷ 如果你更喜欢棉布的卡包，将材料换成棉布即可，魔术贴也可用暗扣代替。总之，这款小小的钱包也是你展示才艺的好机会哦！

原生态材料:

3种不同图案的花布、少量白布、珍珠棉、绳子。

变身帮手:

针线、剪刀、消失笔。

作者 梓也

福气娃娃
手机包

"布"道笔记

日思夜想的那款精致典雅的手机终于到手了，可是麻烦也接踵而来，总是担心它磕到碰到摔到，真是"捧在手里怕掉了，含在嘴里怕化了"。这时候自然会想到做一个手机包，为心爱的手机穿上防护衣。既然是心爱的手机，手机包也不能马虎了事。那就做一款福气娃娃手机套吧！在漂亮的手机套外面缝一个身穿小红肚兜的中国娃娃，不仅个性十足，还很喜气呢！

变身有术：

　　1.准备材料：裁好所需布料，包括2片一样的手机包布料、1片6x4.8厘米的方形布料，1片直径约3.5厘米的圆形布料、2片菱形布料和1片4.8x1.5厘米的长形布料，再准备1根抽绳和少许珍珠棉。

　　2.取圆形布料，用手缝针沿边缘疏缝一圈。

　　3.往圆形布料中塞满填充棉，收紧线头，同时将底部的毛边塞入口子内部。

　　4.用黑色的线自圆包中心绕缝一圈作为娃娃的头发。

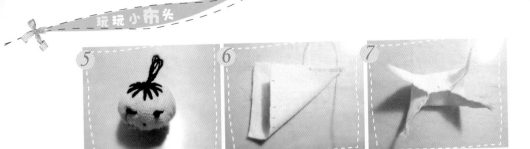

5.依次缝上娃娃的眼睛和嘴巴，并在头顶留上几根顶发。

6.取方形布料，依次缝合4个顶角。

7.缝合完毕的布料，如图所示。

8.将缝合后的娃娃身体翻到正面，塞入填充棉，用藏针法将开口部分缝合。

9.将娃娃的头部和身体缝合在一起。

10.取2片菱形布料，将正面对齐缝合，翻回正面，用藏针法缝合开口部分。

11.取长形布料，用藏针法缝合。

12.将菱形布料和长形布料缝合，做成可爱的小肚兜。

13.将肚兜与娃娃身体缝合，娃娃便制作完成。

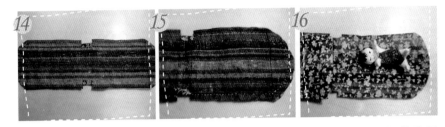

14.开始制作手机包，取剪好的2片手机包布料，按画好的图沿线分别剪开并折平贴齐缝合。

15.将2片布料反面贴齐沿线缝合一边。

16.将小人娃娃缝在还未缝合的其中一面的正面上。

17.反面对齐，缝合另一边，留出开口。

18.将抽绳置于布料的中间，把布料翻至正面，用藏针法缝合开口，完成。

花时间：60分钟
成本：4元
布道指数：★★★★☆
惊艳指数：★★★★★

乐活延伸 ▷　　　当然了，也可以为心爱的音乐播放器做一个这样的"防护衣"；套子外面的娃娃也可以换成其他的装饰物，随心而动，做一个你自己最满意的手机套吧！

纯美郁金香剪刀套

作者 芙蓉朵朵

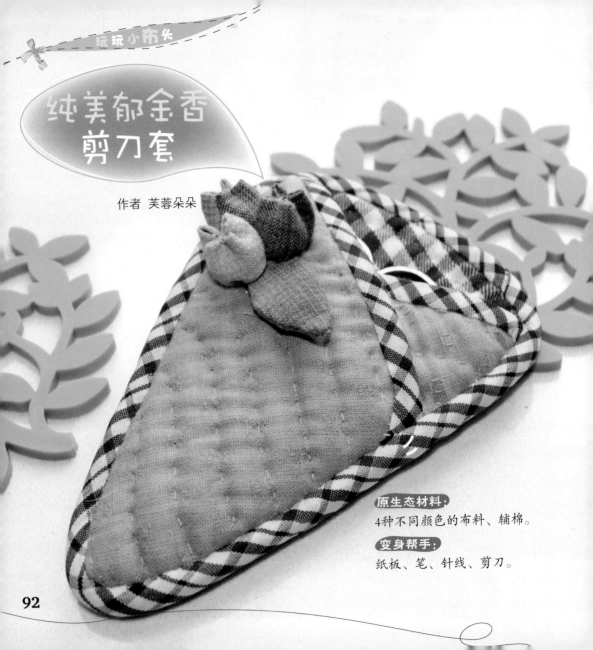

原生态材料：
4种不同颜色的布料、辅棉。

变身帮手：
纸板、笔、针线、剪刀。

"布"道笔记

在这绚烂的季节里，让花朵在每一个地方绽放，让花香在每一个角落弥漫。即便是一件小小的工具，也是值得用心去爱护的。闲来无事时，做一款郁金香剪刀套，仿佛散发着郁金香特有的清香，舒缓而温柔，含蓄而美丽，剪刀锐利逼人的气息瞬间化为无形。

喜欢做手工的你，一定少不了这款别出心裁的剪刀套。现在就动手为我们的"好帮手"做一个温暖美观的家吧。

2.进行简单的疏缝固定，防止在压线时变形。

变身有术：

1.按如图所示图形剪好模版，按模版在表布、辅棉、里布上分别剪出两种形状的布块，并按如图所示方式叠放起来。

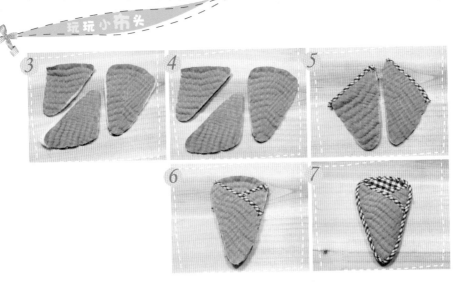

3.进行压线，压线图案可以根据自己的喜好选择。

4.将3片布块的边缘修剪整齐。

5.将形状相同的两种布进行滚边。

6.用如图所示方式，将3块布组合摆放好，再进行简单的疏缝固定。

7.进行整个外围的滚边，剪刀套就做好了。

8.剪3片大小为4×3厘米的长方形布块，以及1块8×3厘米的长方形布块。

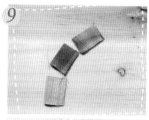

9.将短布片的两条边相对缝合成筒状。

10.翻转到正面来。

11.将两头往里折。

12.一边缩缝。

13.另一头塞棉。

14.对角缝合固定。

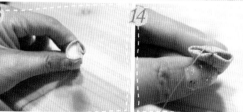

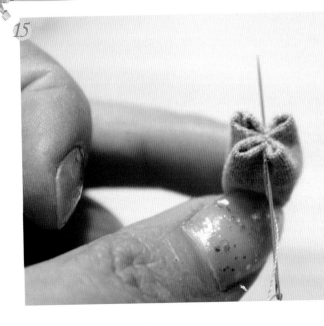

15.再次进行对角缝合固定。

16.郁金香花朵就做好了。

17.把剩下的2朵也做好。

18.做1片树叶。

19.用如图所示的方式将郁金香粘到剪刀套上即可。

花时间：65分钟
成本：3元
布道指数：★★★★★
惊艳指数：★★★★☆

乐活延伸

布块的大小最好根据实际需要选择，这样的套子似乎还可以用来装其他东西呢，具体怎么用，就看你的需要；当然，可以为家中的其他物件也缝上一个漂亮的布套。

原生态材料：

浅粉及粉红等各色不织布、花边、塑料卡芯、搭扣、磁铁。

变身帮手：

针线、剪刀。

粉红公主卡包

作者 付强

"布"道笔记

银行卡、信用卡、公交卡、会员卡、饭卡……现在各行各业都流行起刷卡了，再也不用揣着大把的钞票付账了，也免去了找钱的麻烦。

刷卡确实挺方便的，不过也有一个不方便的地方，就是怎样保管这些卡片。卡片体积都小，随便乱放，很容易丢失。如果一股脑全塞在钱包里，钱包合不上不说，估计早晚得挤爆。

那么，究竟如何才能妥善地"安置"这些各式各样的卡片呢？其实一个容量大大的卡包就能搞定。不要第一反应就想着上街买哦，心灵手巧的你为何不自己做一个呢？粉红的外壳，能包容丰富的记忆；浪漫的气息，给杂乱的生活增添了一丝温馨。

变身有术:

1.准备材料:准备浅粉及粉红等各色不织布、花边以及卡包专用的透明塑料卡芯。注意花边不要过宽。

2.按照卡芯的大小,剪出比卡芯稍大范围的2片粉红色布料,作为卡包的内页和外页;再剪出2片浅粉色的布料,作为卡包的内衬。

3.同样使用粉红色布料,剪出2小片长条,作为卡包的搭扣。

4.将卡包的内页和外页重叠放置,并将2片浅粉色内衬放在内页的上面,将边缘修剪整齐。

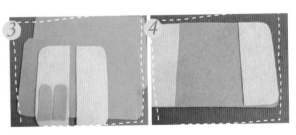

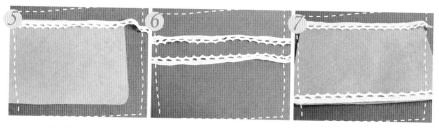

5.将其翻到正面，将花边放到如图所示的位置。

6.按照卡包内外页的长度，剪出长度合适的2条花边。

7.将花边放到卡包外页的上下两边。

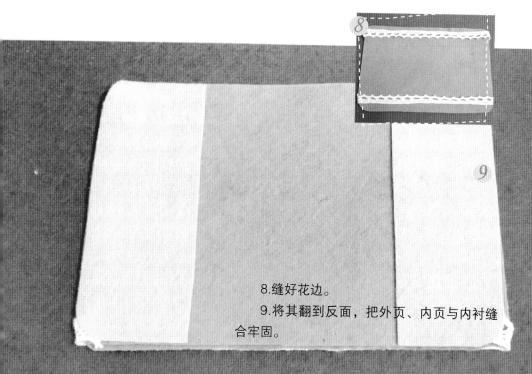

8.缝好花边。

9.将其翻到反面，把外页、内页与内衬缝合牢固。

101

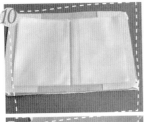

10.将透明塑料卡芯放在缝合好的卡包布料上面，从外到内的顺序依次是外页、内页、内衬、卡芯。

11.将卡芯套入到内衬里，就完成了卡包的雏形。

12.将卡包叠起，整理好正面的花边。

13.将步骤4做好的2个小片搭扣重叠放置。

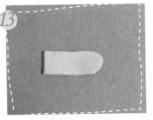

  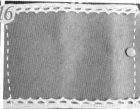

14.在搭扣上安装好圆形磁铁。

15.将搭扣缝在制作好的卡包雏形上。

16.在卡包正面安装好另一枚圆形磁铁。

花时间：90分钟

成本：6元

本道指数：★★★★☆

惊艳指数：★★★★★

17.扣上搭扣，卡包就能顺利闭合了。

18.在卡包正面缝上一些心形和花形装饰，粉红色卡包完成了，赶快用它装入各种各样的漂亮卡片吧！

乐活延伸▷　卡包的大小以及卡芯的数量都可以自己决定，有了前面做钱包的基础，这个卡包做起来应该轻松不少吧！

清凉一夏
布包

原生态材料：
花色布料、麻色衬里布、镂空蝴
蝶饰物一只、白色拉链一条。

变身帮手：
针线、剪刀、珠针、消失笔。

作者 周小鱼

"布"道笔记

夏天到了，必须要将清爽武装到每一个细节，连包包都不"放过"。作为一个环保达人，出于低碳环保的考虑，包包全部采用手工制作，一针一线全是自己亲手缝出来的。尽量使用闲置布料和较少的零配件，蝴蝶饰物是闲置的旧衣服上拆下来的，而纯美的白色又是今夏的主打。如此素雅、清爽的美丽布包，实在是夏日里美眉们的大爱。可以搭配今年大热的民族风长裙、纯白的公主裙，如果与大热的丹宁(丹宁就是牛仔布)风牛仔衣组合更是别有一番风情。只要动一动手，花一点心思，这款独具匠心的布包就能带给你一夏的清凉。

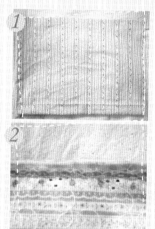

变身有术：

1.裁剪包包主体部分。取布料两块——花色布料与衬里布，剪成4块长方形布料，其中两块大小为40×20厘米，另两块为40×25厘米。注意多出来的5厘米是作为包盖。

2.缝合包包主体部分。将两块花色布料正面相对，缝合两侧的布边，留出底边和顶边。再用相同的方法缝衬里布。接着将缝好的花色布与衬里布重叠在一起，两侧缝合固定。

3.包包底部做出褶皱感。翻到包包正面，在底部做出8个间距相同的褶皱，如图所示。

4.画出合适的包底形状。取衬里布料，在布料上画出自己喜欢的包包底部图形，如月牙形。注意将包包摊平和撑起到合适的位置，以确定包包的长、宽，以此估算包底布料的大小，可以适当裁剪得大一些，方便调整。

5.缝合包底和包体。将底部布料与包包主体边缘缝合在一起，缝好后修剪多余的毛边。根据已经成型的底部形状，再裁剪一块底部用的衬里布料，与刚才的一层底部布料对齐、缝合。

6.安装拉链。先在包包的上部确定拉链的位置，然后用珠针固定拉链或者用消失笔标记出缝合的位置，再开始缝合，这样拉链不会翘起或弯曲。

7.再贴一层内衬。此步骤是为了隐藏拉链暴露在外的白边。将衬里布剪成宽10厘米左右、长30厘米左右的布块，贴于包包衬里内部并缝合好。

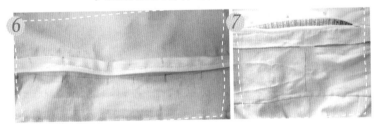

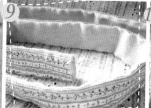

8.制作内兜。在第7步中缝好的内衬上各剪开一个长口，将两个敞口的毛边处向里翻折，用麻色的线缝合一圈，类似于纽扣的扣眼。

9.制作包带。剪下所需长度的花色布料和衬里布料长条。将两种布料正面相对，缝合完毕后，翻转过来，如图所示。再将其缝合在包包主体两侧，最好缝合两圈，增强牢固性。

10.固定蝴蝶。将蝴蝶置于包包主体的左侧，稍微倾斜。用与蝴蝶颜色相同的白色丝线，沿着蝴蝶翅膀的轮廓，将美丽的蝴蝶固定在包包上。

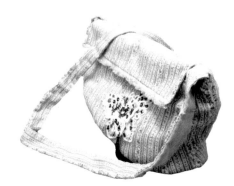

花时间：30分钟
成本：2元
布道指数：★★★★★
惊艳指数：★★★★☆

乐活延伸

需要特别提示的是，包包底部的承重通常比较大，如有需要的话，还可以在底部的两层布料中间夹上硬纸板或塑料板，可以使底部受力均匀并且平整美观。

107

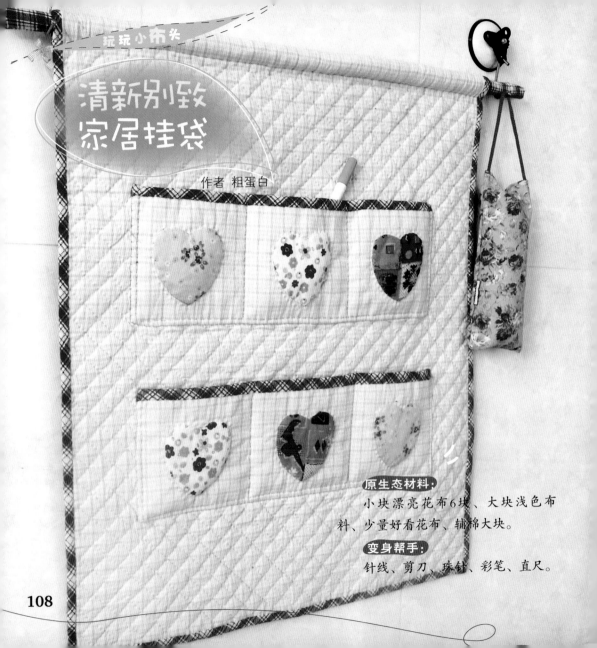

清新别致
家居挂袋

作者 粗蛋白

原生态材料：
小块漂亮花布6块、大块浅色布料、少量好看花布、辅棉大块。

变身帮手：
针线、剪刀、珠针、彩笔、直尺。

108

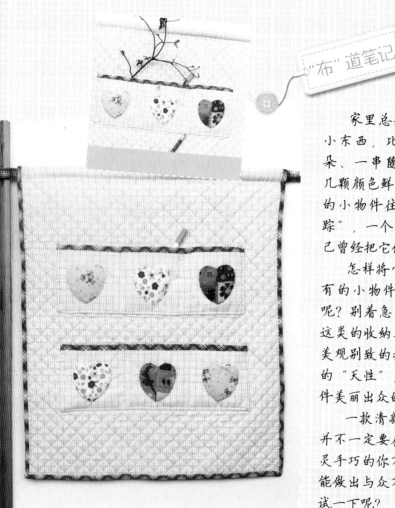

家里总是有不少零零碎碎的小东西，比如一束漂亮的小花朵、一串随处可放的钥匙串、几颗颜色鲜艳的小扣子……零碎的小物件往往喜欢在家里"失踪"，一个不小心，就不记得自己曾经把它们放到哪儿去了。

怎样将它们安置妥当，让所有的小物件全都"居有定所"呢？别着急，这时候你需要挂袋这类的收纳工具来帮忙。而一款美观别致的挂袋，除了具有收纳的"天性"，挂在家里，也是一件美丽出众的装饰品。

一款清新别致的家居挂袋，并不一定要在商店购买。相信心灵手巧的你不仅能做出来，而且能做出与众不同的味道，何不尝试一下呢？

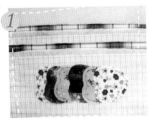

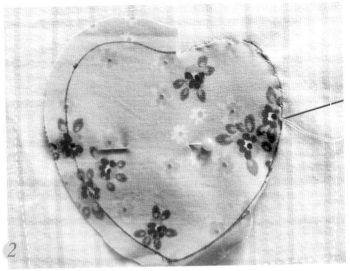

变身有术：

1.裁剪出6块不同颜色的心形布块、2块35×12厘米的口袋表布和同样大小的辅棉和里布各一块，注意分别留出5厘米的缝份。

2.用珠针将心形布块与口袋表布固定在一起，再将心形贴布绕缝在口袋表布上。

3.将口袋表布、辅棉和里布叠在一起，从中间向四周进行疏缝。

4.在贴布周围进行压线，使表布、辅棉和里布固定，也可使贴布更有立体感。

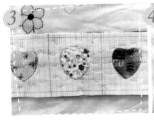

5.裁剪约4厘米宽的格子纹布条为口袋滚边。

6.按同样的步骤做好另一条口袋布。

7.裁剪50×40厘米的表布以及同样大小的辅棉和里布各一块，并在表布上画好菱形格。

8.将表布、辅棉和里布对齐，疏缝固定。

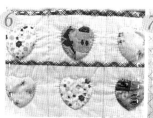
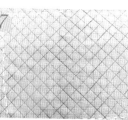

111

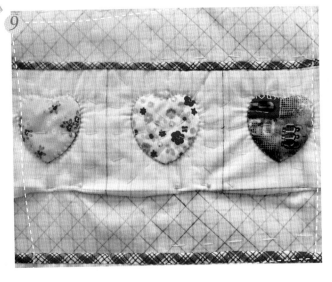

9.将口袋布缝在里布居中的位置。

10.把口袋以外的地方从中间向四周进行衍缝（压线）。

11.最后整体滚边，并把顶端布料缝成筒状，以便安装挂杆。

12.完成后洗干净，熨平，清新别致的挂袋就做好了。

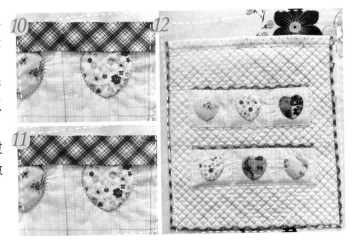

112

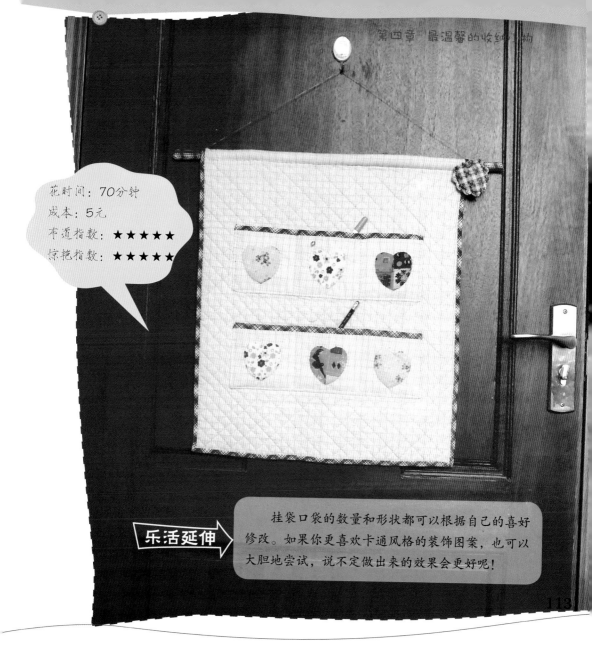

花时间：70分钟

成本：5元

布置指数：★★★★★

惊艳指数：★★★★★

乐活延伸

挂袋口袋的数量和形状都可以根据自己的喜好修改。如果你更喜欢卡通风格的装饰图案，也可以大胆地尝试，说不定做出来的效果会更好呢！

113

原生态材料：

布、辅棉、钥匙
牌、四合扣。

变身帮手：

剪刀、针线、消
失笔、尺子、冲子、
缝纫机等。

五色拼布
包包

作者／噗通

"布"道笔记

　　家里的衣柜，总是不知不觉就攒下了一堆过时的旧衣服，穿之无用，弃之却又可惜。如果直接当废品卖掉，心里的坎实在迈不过去，回想当初，为了淘这些衣衣，脚底都逛起泡了，而且没少废嘴皮子，就这么廉价地处理掉，能不心疼吗？天大的浪费呀！该怎么对付这堆衣服呢？

　　对了，小时候曾见过老妈将几件旧衣服缝成百衲被，花花绿绿的，非常好看。灵感来了，咱也用这旧衣服做点东西，不过要将百衲被换成拼布包包。

　　选了几件碎花、格子纹以及带有卡通图案的棉布衣衣，拼布包包正式开做啦！

115

变身有术:

1.裁剪出不同花纹、大小相近的花布数块以及适量的里布、滚边布、辅棉等。

2.排列出最佳的拼布组合，车缝成一整块拼布，做两块同等大小的拼布作为表布。

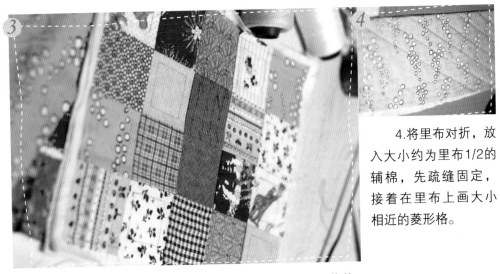

4.将里布对折，放入大小约为里布1/2的辅棉，先疏缝固定，接着在里布上画大小相近的菱形格。

3.将表布与辅棉缝合在一起，辅棉稍大一些，方便后面裁剪。

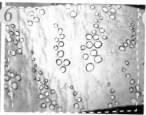

5.沿着菱形格的纹路压线。

6.用藏针法缝好里布的开口。

7.将里布分别与两块表布的三边缝合。

8.缝完后的包包雏形，如图。

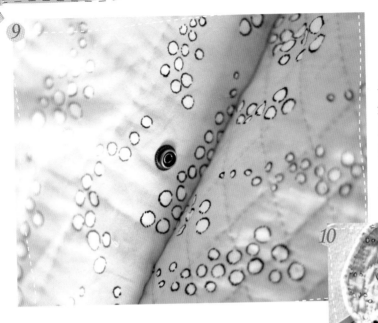

9.剪两小块里布，与辅棉缝合在一起，经过压线、滚边处理后，再钉上扣子、钥匙牌，如图所示。

10.在里布上钉上四合扣的另一面。

11.将做好的钥匙牌布与里布扣在一起。

12.钥匙牌布两边扣在一起，可以遮盖钥匙。

13.将滚边布裁剪成细长条，给包包滚边。

14.滚上边的包包，如图。

15.分别用里布和滚边布裁成大小相同的长条，裹上辅棉后，缝在一起作为提绳。

16.将提绳缝在包包两侧，清新秀雅的拼布包包就做好了。

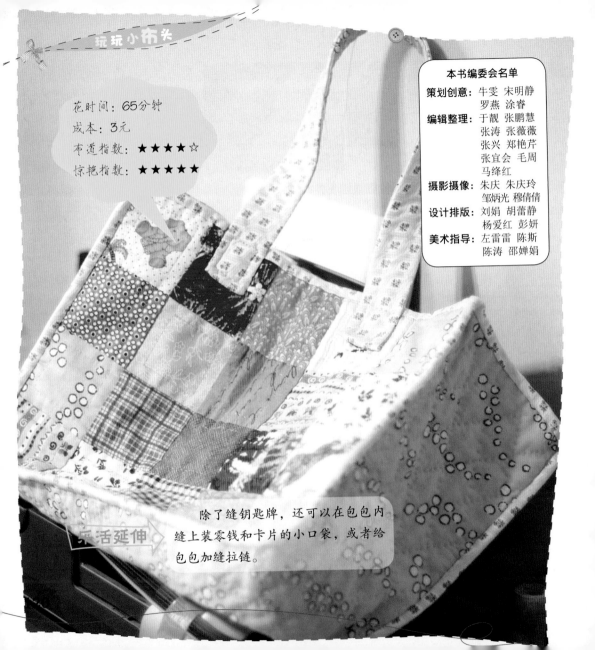

玩玩小布头

花时间：65分钟
成本：3元
布道指数：★★★★☆
惊艳指数：★★★★★

生活延伸

除了缝钥匙牌，还可以在包包内
缝上装零钱和卡片的小口袋，或者给
包包加缝拉链。